ICS 29
K 41
备案号：59-2015

DL

# 中华人民共和国电力行业标准

DL / T 1386 — 2014



# 电力变压器用吸湿器选用导则

## The guide for choice dehydrating breather for power transformer

2014-10-15发布　　2015-03-01实施

国家能源局　发布

# 目　次

前言 …… Ⅱ
1　范围 …… 1
2　规范性引用文件 …… 1
3　术语和定义 …… 1
4　分类与标记 …… 1
5　使用条件 …… 2
6　技术要求 …… 2
7　试验分类及项目 …… 3
8　例行试验 …… 3
9　型式试验 …… 4
10　标志、包装、运输、储存及产品文件 …… 4

# 前　言

本标准按照 GB/T 1.1—2009《标准化工作导则　第 1 部分：标准的结构和编写》的规则编写。

本标准由中国电力企业联合会提出。

本标准由电力行业电力变压器标准化技术委员会（DL/T C 02）归口。

本标准主要起草单位：国网辽宁省电力有限公司电力科学研究院、中国电力科学研究院、特变电工沈阳变压器集团有限公司、沈阳东电电力设备开发公司、保定天威保变电气股份有限公司、沈阳明远电器设备有限公司、西安西电变压器有限责任公司、江苏华鹏变压器有限公司、沈阳惠新变压器附件厂、沈阳沈变变压器组件制造厂。

本标准主要起草人：韩洪刚、于在明、周志、张淑珍、邵筤峰、姜合、付卫烈、杨陆卫、程丛明、王建明、杨海群、王新建、赵文俊、徐广军、周国曦。

本标准为首次发布。

本标准在执行过程中的意见或建议反馈至中国电力企业联合会标准化管理中心（北京市白广路二条一号，100761）

# 电力变压器用吸湿器选用导则

## 1 范围

本标准规定了电力变压器（电抗器）用吸湿器的术语和定义、分类与标记、使用条件、技术要求、试验分类及项目、例行试验、型式试验，以及标志、包装、运输和储存等。

本标准适用于油浸式电力变压器（电抗器）用吸湿器，其他电力设备用吸湿器可参照执行。

## 2 规范性引用文件

下列文件对于本文件的应用是必不可少的。凡是注日期的引用文件，仅注日期的版本适用于本文件。凡是不注日期的引用文件，其最新版本（包括所有的修改单）适用于本文件。

GB/T 191 包装储运图示标志

GB/T 2423.4 电工电子产品 环境试验 第2部分：试验方法 试验Db：交变湿热（12h+12h循环）

GB/T 2423.16 电工电子产品 环境试验 第2部分：试验方法 试验J及导则：长霉

GB/T 2423.17 电工电子产品 环境试验 第2部分：试验方法 试验Ka：盐雾

GB/T 2900.15—1997 电工术语 变压器、互感器、调压器和电抗器

JB/T 6484—2005 变压器用储油柜

HG/T 2765.5—2005 硅胶试验方法

## 3 术语和定义

GB/T 2900.15界定的以及下列术语和定义适用于本标准。

3.1

**吸湿器 dehydrating breather**

变压器所用的一种空气过滤装置，内装吸湿剂以吸去进入其内的空气中的水分。

注：改写GB/T 2900.15—1997，主要组件及零部件术语5.1.4。

3.2

**吸湿剂 dehydrator**

能从空气中吸收湿气的任何一种物质，亦称干燥剂。

3.3

**油位线标志 oil level line-mark**

吸湿器油杯内油面位置的标志。

注：改写JB/T 6484—2005，定义3.4。

3.4

**三防 three proofings**

防潮湿、防盐雾、防霉菌。

## 4 分类与标记

### 4.1 分类

按壳体材料分为玻璃壳体吸湿器、玻璃壳体加不锈钢护罩吸湿器、金属壳体吸湿器和自动烘干式吸湿器。

### 4.2 规格

按吸湿剂的填装质量，吸湿器分为0.5kg、1.0kg、1.5kg、3.0kg、5.0kg、7.0kg、10kg、14kg、20kg 9

种规格。实际选用中，吸湿剂的重量应不低于变压器储油柜油重的千分之一。

## 5 使用条件

### 5.1 正常使用条件

环境温度：–25℃～+40℃；

工作温度：–25℃～+60℃。

### 5.2 特殊使用条件

凡是需要满足 5.1 条规定的正常使用条件之外的特殊使用条件，应在询价和订货时说明。

## 6 技术要求

### 6.1 外观质量

吸湿器外观应符合下列要求：

a） 吸湿剂的形状、颗粒大小及外观应满足 6.2 的要求；

b） 吸湿器外表应保持清洁，且涂覆完好；

c） 玻璃壳体表面应光滑、透明、无裂纹；

d） 不锈钢护罩和金属壳体应进行开窗，开窗方式应便于观察吸湿剂变色情况；

e） 油杯应透明，油位线标志应鲜明。

### 6.2 吸湿剂

吸湿剂应采用无钴变色硅胶，技术指标见表 1。

**表 1 吸湿剂技术指标**

| 项　　目 | 指　　标 |
|---|---|
| | 无钴变色硅胶 |
| 形状 | 球状颗粒 |
| 颗粒大小 | 3mm～5mm |
| 外观 | 橙黄色 |
| 显色（相对湿度 50%） | 墨绿色 |

### 6.3 密封性能

应能承受 0.05MPa 的气压试验，历时 30min 无渗漏。

### 6.4 通气阻力

通气阻力应不大于 0.005MPa。

### 6.5 吸附量（20℃）

6.5.1 在相对湿度 20%时，吸附量≥10%；

6.5.2 在相对湿度 40%时，吸附量≥20%；

6.5.3 在相对湿度 80%时，吸附量≥35%；

6.5.4 吸附量测试试验方法按 HG/T 2765.5—2005 第 8 章操作。

### 6.6 连接法兰

连接法兰应使用圆法兰。

圆法兰的外径尺寸为$\phi$115mm，连接螺栓的尺寸为 4M12，安装尺寸为$\phi$85mm，具体外形见图 1。

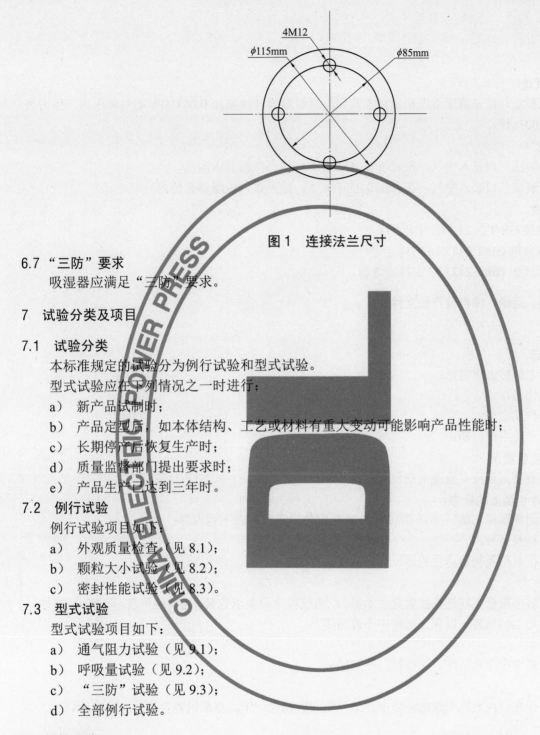

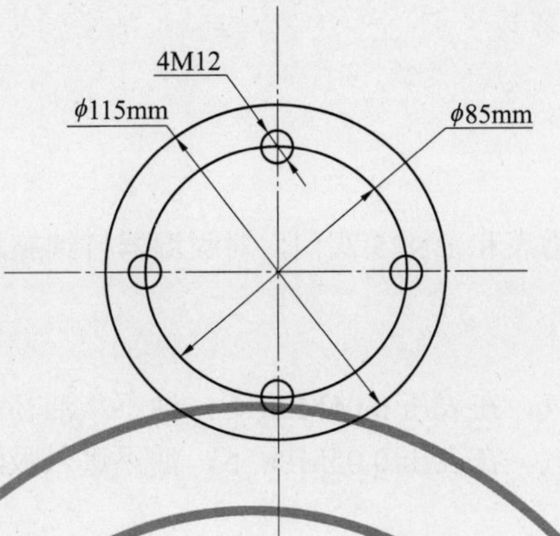


图 1　连接法兰尺寸

### 6.7 “三防”要求

吸湿器应满足“三防”要求。

## 7　试验分类及项目

### 7.1　试验分类

本标准规定的试验分为例行试验和型式试验。

型式试验应在下列情况之一时进行：

a）　新产品试制时；

b）　产品定型后，如本体结构、工艺或材料有重大变动可能影响产品性能时；

c）　长期停产后恢复生产时；

d）　质量监督部门提出要求时；

e）　产品生产已达到三年时。

### 7.2　例行试验

例行试验项目如下：

a）　外观质量检查（见 8.1）；

b）　颗粒大小试验（见 8.2）；

c）　密封性能试验（见 8.3）。

### 7.3　型式试验

型式试验项目如下：

a）　通气阻力试验（见 9.1）；

b）　呼吸量试验（见 9.2）；

c）　“三防”试验（见 9.3）；

d）　全部例行试验。

## 8　例行试验

### 8.1　外观质量检查

吸湿器外观质量应符合 6.1 的要求，用目测法检查。

### 8.2　颗粒大小试验

用筛孔为 $\phi$3mm 和 $\phi$5mm 的试验筛筛分，$\phi$3mm 试验筛的筛下物和 $\phi$5mm 试验筛的筛上物之和应小于 10%。

### 8.3　密封性能试验

进行气压密封试验，在压力达到 0.05MPa 时，将其浸入水槽中，30min 内各连接密封处应无渗漏（保持无气泡冒出）。

## 9 型式试验

### 9.1 通气阻力试验

在吸湿器安装法兰口安装压力表和 DN25 阀门，对吸湿器持续施加 0.007MPa 的气体压力，压力表指示应不大于 0.005MPa。

### 9.2 呼吸量试验

从吸湿器安装法兰口充入空气，在表压 0.05MPa 下，油不从油杯内溢出。

从吸湿器安装法兰口吸入空气，在表压 0.05MPa 下，油不进入吸湿器壳体内。

### 9.3 “三防”试验

9.3.1 防潮试验按 GB/T 2423.4 的规定进行。

9.3.2 防霉菌试验按 GB/T 2423.16 的规定进行。

9.3.3 防盐雾试验按 GB/T 2423.17 的规定进行。

## 10 标志、包装、运输、储存及产品文件

### 10.1 标志

#### 10.1.1 铭牌标志

吸湿器铭牌上的标志应包括：

a） 制造单位名称；

b） 产品名称及型号；

c） 产品编号及生产日期。

#### 10.1.2 吸湿剂变色提示

在吸湿器观察窗附近应有吸湿剂变色提示。

#### 10.1.3 吸湿器外包装上的标志

产品包装储运图示标志除应符合 GB/T 191 的规定外，还应标志下列内容：

a） 产品名称及型号；

b） 制造单位名称及制造单位的地址。

### 10.2 包装

吸湿器的包装应根据不同规格按数量用木箱、纸箱或按合同要求包装，包装应牢靠，防潮、防腐蚀、防撞击，且应有适当的填装，以保证运输中不被损坏。

### 10.3 运输

吸湿器在运输中应注意防潮、防腐蚀，严禁磕碰。

### 10.4 储存

吸湿器应储存在户内通风干燥的环境中。储存期如果超过一年，重新试验合格后方可出厂。

### 10.5 产品文件

产品使用说明书、产品合格证与产品配套的装箱单等产品文件应随吸湿器一同包装出厂。

DL / T 1386 — 2014

中 华 人 民 共 和 国
电力行业标准
**电力变压器用吸湿器选用导则**
**DL / T** 1386 — 2014
*
中国电力出版社出版、发行
（北京市东城区北京站西街 19 号 100005 http://www.cepp.sgcc.com.cn）
北京九天众诚印刷有限公司印刷
*
2015 年 4 月第一版 2015 年 4 月北京第一次印刷
880 毫米×1230 毫米 16 开本 0.5 印张 10 千字
印数 0001—3000 册
*
统一书号 155123 • 2305 定价 **9.00** 元



中国电力出版社官方微信 掌上电力书屋



155123.2305
上架建议：规程规范/电力工程